Pierluigi Raffo

EVVIVA, SI MASTICA!

Il valore della masticazione nel cane

Più endorfine, meno stress!

EDIZIONI IL PUNTO D'INCONTRO

Pierluigi Raffo
Evviva, si mastica!
Fotografie di Enzo Mattei

Prima edizione italiana pubblicata nel settembre 2017 da Edizioni Il Punto d'Incontro s.a.s., via Zamenhof 685, 36100 Vicenza, tel. 0444239189, fax 0444239266, www.edizionilpuntodincontro.it
Finito di stampare nel settembre 2017 presso la tipografia CTO, Via Corbetta 9, Vicenza

ISBN 978-88-6820-414-3

Indice

Ai ragazzi dell'associazione
ARCADIA ONLUS

Il loro impegno e la loro dedizione mi ha permesso di poter dare continuità a tutti gli spunti tecnici orientati a migliorare la qualità di vita dei cani di casa e di canile, raggiungendo così l'obiettivo di realizzare protocolli e linee guida da poter offrire a tutti gli interessati.

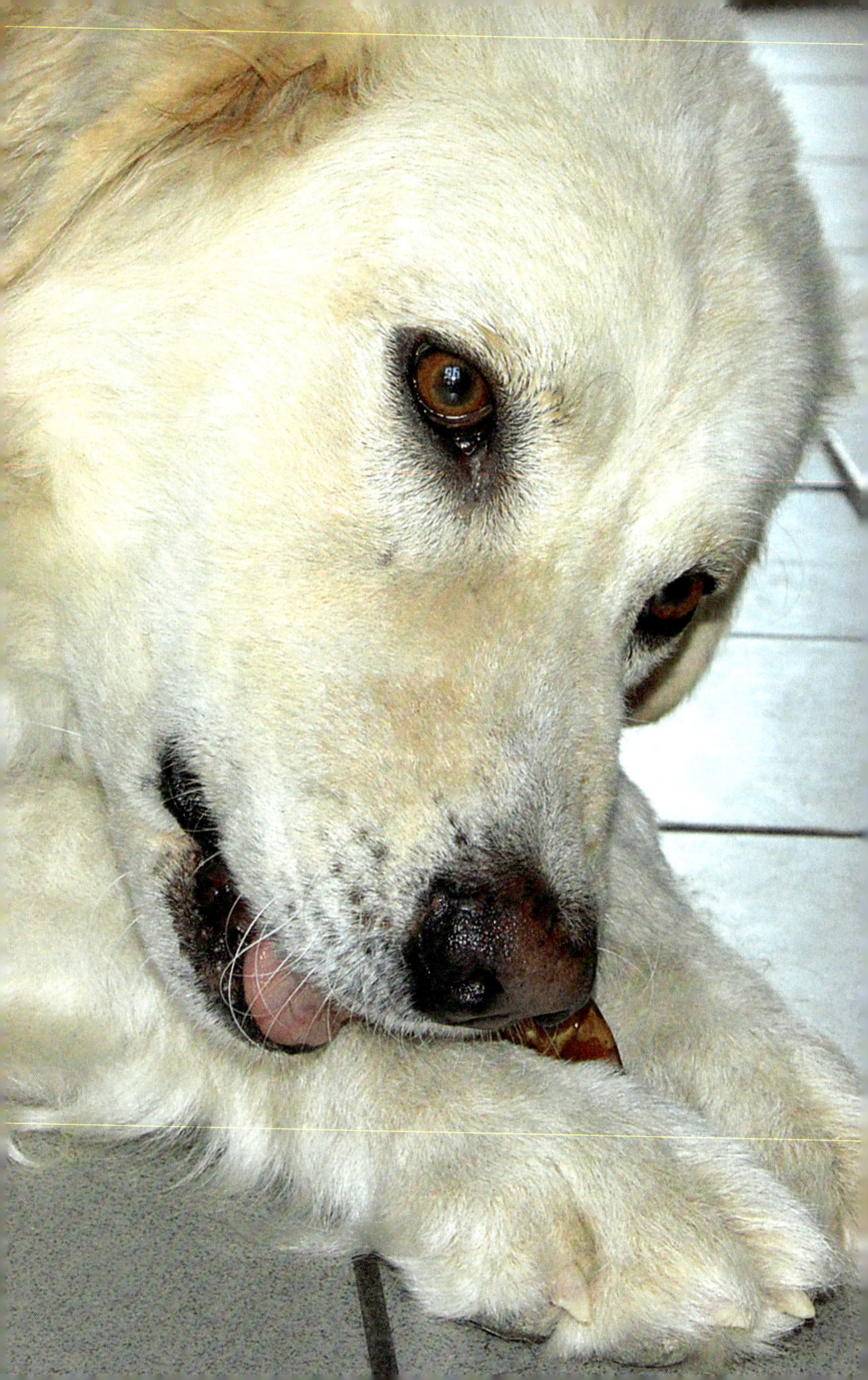

Premessa

L'idea di scrivere questo piccolo compendio illustrativo nasce dall'osservazione quotidiana, durante il mio lavoro, della scarsa conoscenza generale di attività utili, semplici e naturali da far svolgere ai nostri amici cani, intraprese anche dai lupi in natura.

Esse possono migliorare notevolmente la qualità della vita dei nostri amici a 4 zampe oltre che poter diventare delle vere e proprie strategie di supporto durante l'apprendimento e ottime attività emendative per il recupero dello stress.

Cosa vuol dire masticazione:

La **masticazione** è il processo mediante il quale il cibo è frantumato e preparato dai denti. È il primo passo della digestione che aumenta il volume del cibo per permettere una migliore azione degli enzimi digestivi.

Per masticazione si intende l'attività di frantumazione del cibo a opera dei denti, imbibizione del cibo masticato con la saliva, con conseguente attivazione delle ghiandole deputate alla salivazione (ghiandole salivari).

Il masticare è un'attività che il nostro cane dovrebbe poter fare costantemente, in quanto permette al cervello di produrre endorfine e quindi di indurre emozioni di rilassamento e di piacere.

NOTA

Per comodità e semplificazione nella lettura verrà utilizzata la parola "masticazione" come indicatore non solo dell'attività svolta dal cane, ma anche dei singoli prodotti da masticare in seguito descritti.

Perché per un cane è così importante masticare?

Con la masticazione il cane impara a gestire l'uso della bocca e, migliorandone l'utilizzo e la corretta conoscenza, arriva a migliorare anche la sua sicurezza sociale. Non è poi da sottovalutare il fatto che, così come l'essere umano conosce il mondo attraverso l'uso delle mani, il cane lo conosce attraverso la bocca. Dunque la possibilità di avere costantemente accesso a questo canale di monitoraggio della realtà diventa fondamentale per migliorare la percezione delle proprie capacità e delle proprie competenze. Anzi, questo si rivela addirittura un bisogno che, se correttamente appagato, riduce gli indici di stress e aumenta lo stato di agio e rilassamento.

Non si deve dimenticare che la bocca è il primo strumento che il cane utilizza in fase di sperimentazione e apprendimento: con la bocca verifica gli oggetti, le superfici e a volte tutto ciò che di nuovo gli si presenta, soprattutto in età evolutiva.

Le attività di masticazione sono espressione dell'uso della bocca, il cui uso corretto o meno, è espressione di sicurezza o insicurezza sociale.

Le distanze fisiche prese dal cane (nei confronti dell'uomo o di altri cani) per effettuare la masticazione sono espressione della sua bolla prossemica (spazio personale, distanza di relax, distanza sociale), del controllo della possessività e della modalità di gestione dei conflitti sociali.

Dopo questa premessa proviamo a parlare di masticazione e tipologie di masticazioni che si possono proporre a un cane.

Il tipo di masticazione è legato a più fattori: appetibilità, densità, durezza e friabilità del prodotto utilizzato e alla consapevolezza nell'uso della bocca.

Parlerò quindi di densità di masticazioni per cercare di rendere chiaro che non è solo ed esclusivamente un osso ciò che un cane può e deve masticare: oggi è possibile scegliere le tipologie di masticazioni in base alla corretta densità, affinché il cane riesca a farle e, oltre a trarne un giovamento, possano diventare attività mirate. È infatti possibile calcolare la durata media di un'attività di masticazione da qualche secondo a qualche minuto fino a delle ore.

La densità della tipologia di masticazione usata è definita da durezza, resistenza alla pressione e friabilità del prodotto utilizzato. La scelta della densità dovrà quindi ricadere sulla capacità e modalità di uso della bocca del singolo soggetto, poiché l'uso della stessa può essere espressione di un suo particolare stato emotivo e della capacità di gestione emotiva-emozionale (agio/disagio, stati ansiosi, insicurezza/sicurezza, fiducia/sfiducia...), del retaggio filo-genetico (l'appartenenza a una particolare razza e/o a una tipologia morfologica determina spesso la maggiore capacità di utilizzo e il corretto orientamento nell'uso della bocca), della biografia del singolo (tanto il modo di afferrare l'oggetto, quanto il modo di masticarlo utilizzando prevalentemente alcune parti della bocca, dalla masticazione con la punta della bocca che prevede l'uso degli incisivi fino a un utilizzo più consapevole di premolari e molari, sono indice di maggiori o minori competenze nonché del livello di consapevolezza, auto-efficacia e autostima del soggetto).

Considerando che una corretta osservazione di questa attività potrà essere un utilissimo strumento di valutazione del cane da parte di figure professionali e non, l'utilizzo di queste attività potrà permettere al cane, oltre che di rielaborare, anche di spostare alcuni orientamenti motivazionali prevalenti.

Già la semplice produzione di endorfine ridurrà il rischio di stati di frustrazione e l'insorgenza di maniacalità motivazionale.

Resta inteso che individuare la corretta densità dei tempi di masticazione sarà il prerequisito assoluto indispensabile per evitare comportamenti di rinuncia, frustrazione e fallimento.

Tipologie di masticazione

È importante specificare che oltre a densità, durezza e friabilità, che dovranno andare in crescendo con l'età e l'esperienza del cane, ciò che determina la scelta di un prodotto piuttosto che un altro sarà anche il grado di appetibilità soggettivo, l'esperienza nell'utilizzo della bocca, le eventuali necessità di utilizzare la bocca a compensazione di stati di stress, frustrazione e/o ansia da parte del cane e in ultimo, ma non di minore importanza, la struttura morfologica del soggetto.

1

2

Foto 1 - Trippa a bassa densità

Masticazione a bassa densità, utile per iniziare ad abituare il cane alle attività di masticazione. Le modalità che il cane userà per prendere la masticazione e/o per masticarla saranno da considerare come indicatori della sicurezza del cane e della consapevolezza nell'uso della bocca.

Foto 2 - Trippa a bassa densità

Anche questa tipologia di trippa, che presenta una densità leggermente superiore alla precedente, imputabile alla parte di sezione di pre-stomaco, è utilissima per attività di breve durata e/o per attività volte alla costruzione della fiducia. Può infatti essere gestita tenendola in mano per far capire al cane che si può collaborare per la risorsa senza dover obbligatoriamente competere.

Foto 3 - **Trippa densa**

Piccoli ritagli di trippa utilissimi per attività di ingaggio nella masticazione. Si possono utilizzare a terra e sono indicati per cuccioli, cani di piccola taglia e cani che devono consolidare con la masticazione la loro autoefficacia tramite l'uso della bocca.
Presenta le stesse caratteristiche delle precedenti.

3

4

Foto 4 - **Trippone**

Evidenza di particolare tipologia di trippa contenente grasso molto appetitoso, utile come le precedenti in apprendimento. Presenta una differente densità in due diversi punti, apicale e caudale (legata alla presenza di grasso adeso). Questo permette al cane di partire con una bassissima densità e andare in crescendo verso una densità bassa.

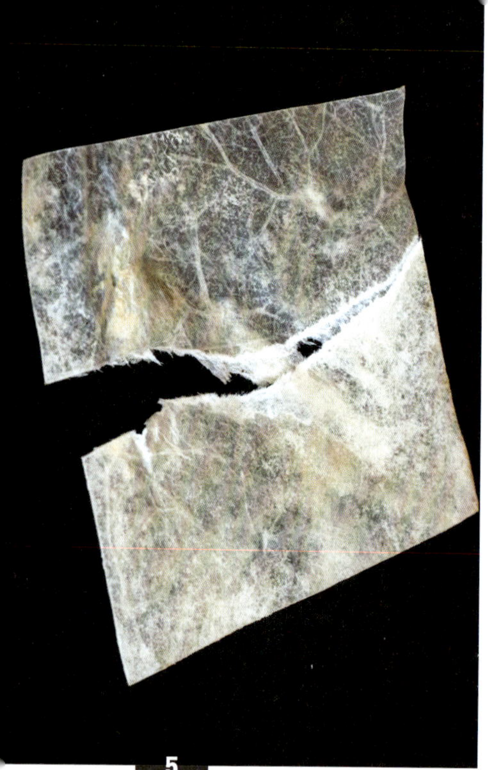

5

6

Foto 5 - Film di pelle essiccata

Film di pelle essiccata a bassissima densità ma con media resistenza alla pressione e scarsissima friabilità.

Foto 6 - Film di pelle essiccata

Evidenza della risposta alla rottura. Il prodotto tende a sfibrarsi e non a frammentarsi. Si consiglia di fare attenzione durante il suo utilizzo con cani inesperti poiché può rimanere adeso al palato o alle arcate dentali.

7

Foto 7 - **Trippa a media densità**

Trippa a media densità, alta friabilità e bassa durezza.

8

Foto 8 - **Stecche di trippa**

Stecche di trippa a media densità e media friabilità, ma con una bassa durezza.

La trippa a media densità, riportata in dettaglio nella foto precedente, permette di notare le differenze strutturali presenti all'interno dello stesso prodotto. Le stesse sono riconducibili alle parti anatomiche essiccate.

9

10

Foto 9 - Stecca di trippa a media densità

Stecca di trippa a media densità e media friabilità, ma con una bassa durezza.

La foto evidenzia il particolare della stecca di trippa presentata nella foto 8.

Foto 10 - Particolare di pelle essiccata di pre-stomaco

Il prodotto ha una media densità e una media durezza, non presenta alta friabilità ma ha la tendenza a spezzarsi. Ciò garantisce al prodotto una bassa friabilità.

Non è un prodotto utilizzabile con cani inesperti o che presentano alti indici di stress e di disagio, che sono causa di inibizione nell'esperienza di masticazione.

Foto 11 - **Pelle di pre-stomaco**

Pelle di pre-stomaco di ruminante essiccata. Questo prodotto, come il precedente, mantiene una leggera elasticità, si presenta con una densità media, una media durezza e una bassissima friabilità.

11

12

Foto 12 - **Pelle di pre-stomaco**

Pelle di pre-stomaco di ruminante essiccata. Questo prodotto mantiene una leggera elasticità, si presenta con una media densità, una media durezza e una bassissima friabilità. Nella foto si sono introdotte delle sezioni, per fornire indicazioni su come potrà essere utilizzato in base a dimensioni ed età del soggetto a cui proporla.

13

14

Foto 13 - Budellino essiccato

Prodotto a bassissima friabilità, di durezza medio bassa ma di medio-alta densità.

Utile per differenti tipologie di cani. Si sconsiglia di utilizzarlo con cuccioli molto piccoli di età o in fase di cambio di dentizione (perdita dei denti da latte a favore della dentizione permanente).

Foto 14 - Nervetti vuoti

Prodotto di durezza, densità e friabilità medie.

Utilissimo in attività di riduzione dell'indice di stress.

Si consiglia l'utilizzo con cani adulti e anche con cani che presentano problematiche di possessività e/o conflitti nella gestione delle risorse. Il prodotto impegnerà il cane nell'attività di nostro interesse per un massimo di 10 minuti, evitando di porre il soggetto in una condizione di controllo della risorsa (se si offre una risorsa che richiede troppo tempo per la consumazione il soggetto potrebbe decidere di interrompere l'attività e controllare la risorsa).

Foto 15 - Particolare di nervo

Prodotto di durezza, densità e friabilità medie.

Questa foto evidenzia le nervature e alcune bombature presenti nel prodotto che ne determinano la durezza.

15

16

Foto 16 - Nervo di bue

Prodotto ad alta densità e durezza, che presenta una bassa friabilità.

A differenza del precedente, presenta un'evidente nervatura centrale che ne aumenta la durezza.

È utilissimo in attività di masticazione condivisa (il prodotto viene presentato dal proprietario che lo tiene in mano durante lo svolgimento dell'attività di masticazione svolta dal cane); questo permette lo svolgimento di attività collaborativa.

17

Foto 17 - Budello vuoto e nervo a confronto
Si possono osservare le evidenti differenze che ne caratterizzano friabilità, densità e durezza. Dai ritagli introdotti nell'immagine si evidenziano le caratteristiche strutturali del prodotto (parti vuote e parti piene).

18

Foto 18 - Budello vuoto e nervo a confronto
La foto, che riprende la precedente, ci permette di rendere di semplice interpretazione al lettore le differenze che determineranno la risposta del cane. Gli spezzati vuoti evidenziano la struttura del budello senza nervatura centrale (foto 15); gli spezzati pieni evidenziano la struttura del budello con nervatura centrale (foto 16).

Foto 19 - Stomaco di erbivoro essiccato
Prodotto molto interessante per la sua altissima digeribilità e appetibilità. Si presenta con bassa durezza e densità media, conservando però una buona friabilità che lo rende maggiormente appagante per molti soggetti giovani e inesperti; consigliato moltissimo per cani in recupero post-operatorio o per la riduzione di stress nei cani in degenza.

19

Foto 20 - Differenti tipologie di pre-stomaco e stomaco essiccati
Rispetto alla foto 19, possiamo notare, in progressione, le differenze di spessore che ne caratterizzano anche la maggiore densità e durezza. Il primo ha una bassa durezza, media densità e una buona friabilità, il secondo presenta un'uguale densità ma una maggiore durezza mentre il terzo presenta una maggiore durezza, e una bassa friabilità.

20

21

22

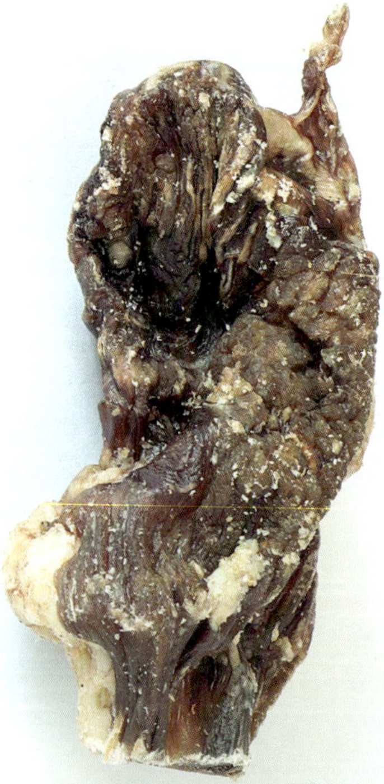

Foto 21 - **Differenti tipologie di pre-stomaco e stomaco essiccati**

Dal primo a sinistra al secondo a destra, possiamo notare le differenze di densità che ne caratterizzano anche la maggiore durezza. Il primo offre una bassa densità ma una maggiore friabilità, il secondo ha un'alta durezza, alta densità e una media friabilità.

Foto 22 - **Budello essiccato**

Prodotto di media durezza e alta densità, mediamente friabile, consigliato in fase adolescenziale del cane o per svolgere attività di media durata. Il pezzo nella foto presenta anche parte dell'omento (legamento-membrana attaccata alle viscere) adeso sul lato.

Foto 23 - **Budello essiccato**
Parte differente dalla precedente che presenta più durezza e richiede maggiori competenze in masticazione da parte del cane. Questo tipo di masticazione è altamente consigliata per attività di media durata e per lavorare sul distacco. Risulta altamente appetibile e mediamente impegnativa.

23

24

Foto 24 - **Petto di pollo essiccato**
Prodotto a bassa densità e durezza, non friabile. Ottimo per impostare le attività di masticazione soprattutto nei cuccioli o nei cani sensibili. Sicuramente è utilissimo come strumento iniziale, essendo allo stesso tempo poco impegnativo e altamente appetibile.

25

26

Foto 25 - Petto di pollo essiccato

La foto vuole evidenziare alcuni particolari imputabili al processo di essiccazione.

La quadrettatura è riportabile alla griglia del piano di appoggio del letto di essiccazione utilizzato e non al prodotto.

Foto 26 - Pelle essiccata

Prodotto ad altissima elasticità che ne determina una bassissima friabilità e una media durezza. Questo prodotto ha una buona appetibilità e si consiglia per cani con scarsa esperienza. Vista la sua elasticità è consigliato per attività di medio-corta durata.

Il suo utilizzo è utile anche durante attività di apprendimento di gruppo, soprattutto con i cuccioli, poiché permette loro di sperimentarsi nella corretta gestione delle risorse.

Foto 27 - **Pelle essiccata**

Particolari di pezzi di pelle essiccata. Si nota il basso spessore che è importantissimo per definire l'elasticità del prodotto; di solito si parla di 2/3 mm. Questa tipologia di masticazione può essere tagliata per renderla adattabile alla taglia e/o all'età del cane. Teniamo presente che, anche se si tratta di un'attività utilizzata per ridurre gli indici di stress, essa richiede dispendio di energia e il prezzo che il cane paga svolgendo queste attività si chiama "fatica".

27

Foto 28 - **Orecchio di maiale essiccato**

Questo prodotto ha un'altissima durezza, una media densità e una bassa friabilità. Ottimo per la sua grande appetibilità, indicato per cani che hanno acquisito competenze nel corretto uso della bocca. Consigliato per attività di medio-lunga durata.

È utile anche nell'attività di distacco in cani che hanno già acquisito competenze nella masticazione.

28

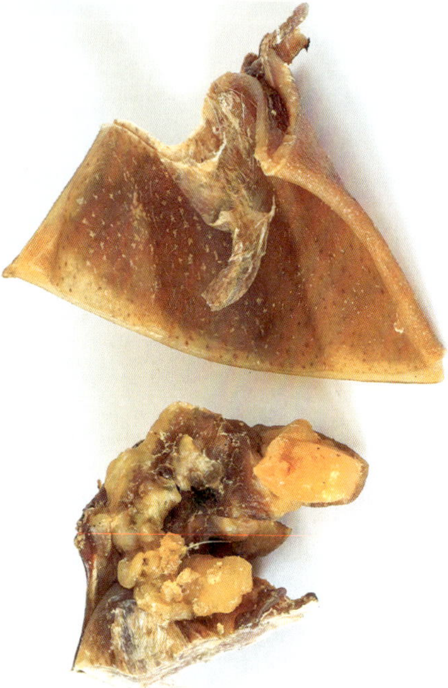

29

30

Foto 29 - Spezzato di orecchio di maiale essiccato

Come tutti i prodotti per la masticazione anche l'orecchio può essere tagliato e riproporzionato alla taglia e all'età del cane. Notare però, come ben visibile dalla foto, che la parte in alto, parte apicale dell'orecchio, si presenta differente anatomicamente da quella in basso, parte basale dell'orecchio. Ma cosa cambia? Cambia il livello di appetibilità e di durezza. Risulta superiore nella parte basale il livello di appetibilità e nella parte apicale il livello di durezza.

Foto 30 - Spaccato trasversale di orecchio di suino

Nella foto si possono facilmente notare le differenze anatomiche fra le due parti di orecchio. La presenza del grasso residuo sulla parte basale, dettaglio inferiore della foto, è ciò che ne determina la sua maggiore appetibilità.

Come già riportato per altri prodotti, la maggiore concentrazione e presenza di grasso adeso aumenta sia l'appetibilità del prodotto (più gustoso) che la risposta propositiva nel praticare l'attività di masticazione (minore durezza).

Foto 31 - Cotenna di bovino essiccata

Questo prodotto si presenta altamente appetibile e con un'elevata densità, durezza ma anche elasticità. Consigliato per cani giovani in età adolescenziale e per attività di gruppo di gestione della risorsa.

31

32

Foto 32 - Vista trasversale della cotenna di bovino

Si possono notare le differenze fra i due spaccati, quello a destra presenta grasso essiccato mentre quello a sinistra ne è sprovvisto. Questa differenza definisce la maggiore appetibilità delle parti contenenti grasso. Importante sottolineare come le parti con grasso presentano dei punti a bassa densità e durezza, come già evidenziato in precedenza.

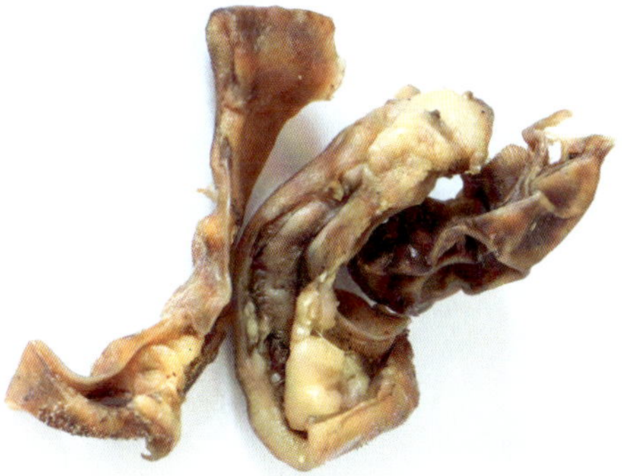

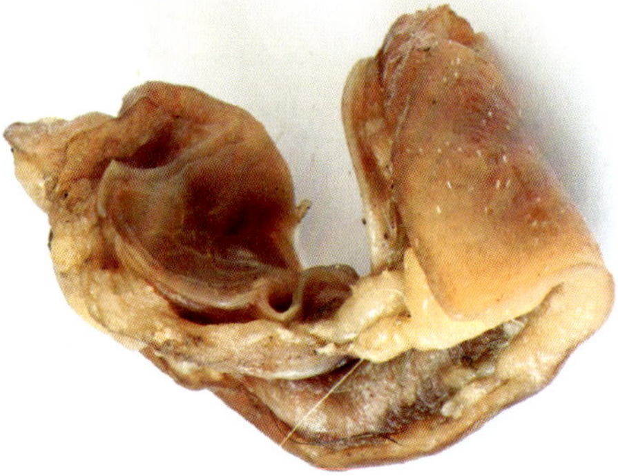

33

34

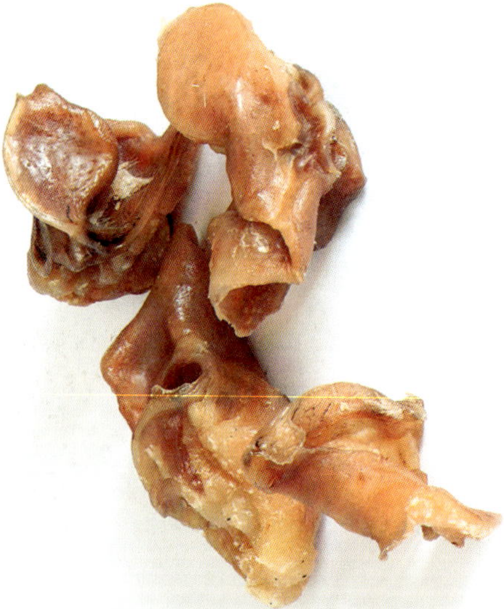

Foto 33 - Cotenna di suinetto

Prodotto simile alla pelle essiccata di bovino, si presenta più spessa. In realtà ha indubbiamente una maggiore densità, durezza ed elasticità. Molto indicata per tantissime attività di masticazione e per cani ansiosi. Lo strato di grasso presente nel prodotto lo rende maggiormente appetibile e più versatile da un punto di vista della durezza (nella zona ove è presente il grasso la durezza è minore); questo favorisce la stimolazione all'attività di masticazione verso la parte grassa (bassa densità e durezza).

Foto 34 - Orecchie essiccate

Prodotto ottimo per recuperi veloci da stati di stress improvvisi e acuti, di media densità e alta durezza, molto friabile. Il prodotto è molto appetibile. Si consiglia di somministrare almeno tre masticazioni a distanza di qualche minuto per avere una risposta di recupero dell'omeostasi (equilibrio emozionale e fisiologico del soggetto).

Foto 35 - **Particolare di orecchio essiccato**

Come si può notare, gli spessori del prodotto sono differenti. Questo permette di avere un prodotto che si presenta leggermente più tenero nella parte basale e che quindi può essere utilizzato anche per cani meno esperti nelle attività di masticazione, ma che presentano una struttura morfologica con una mascella possente.

35

36

Foto 36 - **Manzo essiccato**

Prodotto a bassa densità e durezza, altamente friabile, ottimo per iniziare attività di masticazione e per supportare il cane in apprendimento. Consigliato in attività di gruppo per la velocità di consumazione; può essere tagliato a pezzi piccoli. A differenza del pollo essiccato il manzo conserva una maggiore elasticità.

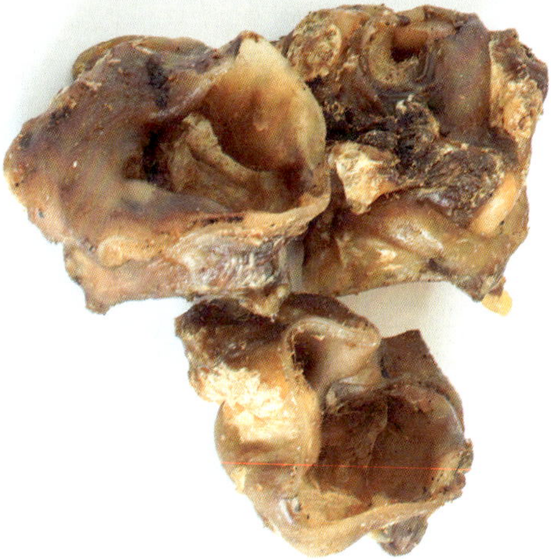

37

38

Foto 37 - Trachea essiccata

Prodotto ad alta friabilità e di buona durezza e densità. Indicato per attività di media intensità e durata. Altamente digeribile. Consigliato come alternativa alla trippa, utilizzabile anche in socializzazione per insegnare la corretta gestione delle risorse. Può essere utilizzato anche in acqua. In questo caso si consiglia di riempire un secchio con 10 cm di acqua, buttarvi dentro la masticazione, che andrà sicuramente a fondo, in modo che il cane dovrà pescarla dal secchio.

Foto 38 - Mix di muscolo e cartilagine essiccata

Prodotto molto interessante per la sua disomogeneità in durezza, friabilità e compattezza. Utilissimo come prodotto per masticazioni di medio/lunga durata. Utile per lavorare sulla calma del cane e sulla gestione della possessività.
Anche questo prodotto visto il suo peso specifico, se utilizzato nell'acqua tende ad affondare, a differenza di quasi tutte le tipologie di trippa che tendono a galleggiare e/o a fermarsi a mezz'acqua.

Foto 39 - **Nervetti**

Spaccati di nervi di bue: prodotto molto duro e compatto a bassissima friabilità. Utile per attività di lunga durata. Consigliato per lavorare sulla gestione della frustrazione e sull'appagamento predatorio.
Se è vero che la predazione ha come obiettivo la consumazione della preda, possiamo iniziare a pensare di lavorare per incorniciare tale motivazione con attività sostitutive mirate all'utilizzo della masticazione.

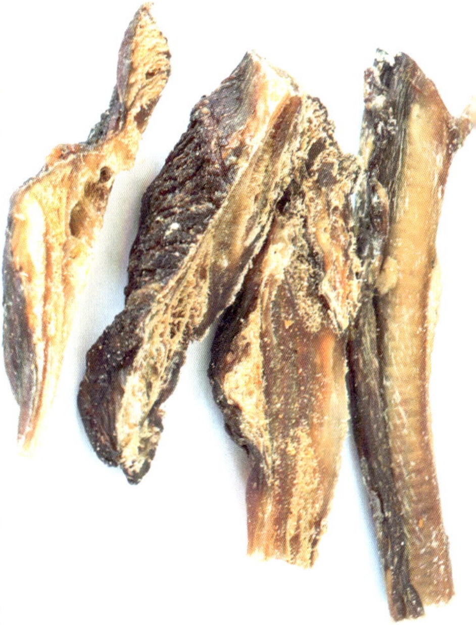

39

40

Foto 40 - **Particolare di spaccato di nervo**

Come già consigliato, è utilissimo nel lavoro sulla gestione della calma, nella riduzione dei tempi di recupero da eventi che producono stress improvvisi e sulla gestione della possessività, nonché in attività di appagamento della motivazione predatoria.

41

42

Foto 41 - Trippa rossa

Prodotto a bassa densità, molto friabile e poroso. Consigliato per le prime attività individuali e/o di gruppo, nelle attività di gestione delle risorse (in gruppo o singole); utile per lavorare sulla possessività: *mettersi seduti e, tenendo il prodotto in mano, accompagnare il cane nell'attività di masticazione.* A differenza di altre tipologie di trippa, si presenta sempre piena di tessuto grasso al suo interno.

Foto 42 - Particolare di pre-stomaco essiccato

Prodotto molto interessante, utile con cani giovani e in disagio sociale e/o ambientale perché risulta molto appetibile. Il prodotto ha una bassa densità, una durezza medio-bassa e una buona friabilità. Consigliato anche per cuccioli sopra i tre mesi e in classi di socializzazione per permettere ai soggetti coinvolti di apprendere la corretta gestione delle risorse e in questo ambito sviluppare un'ampia capacità comunicativa e di gestione della bolla prossemica (spazio personale - distanza di relax).

Foto 43 - Spaccato di trippa
Prodotto di medio-bassa densità e durezza, poco friabile e abbastanza appetibile. Risulta duro all'esterno e ciò può mettere in difficoltà cani che non hanno mai fatto specifiche attività di masticazione.

43

44

Foto 44 - Trippone sottile
Prodotto meno appetibile del precedente ma a bassissima densità e durezza che risulta molto friabile.
Interessante come prima proposta per le attività di masticazione: il cane non trova difficoltà e non si rischia che gli si infiammino le gengive, fattore molto comune nei cani che non hanno mai masticato.
Per contro è meno appetibile del precedente e anche del petto di pollo e del manzo essiccato.

45

46

Foto 45 e 46 - Particolari di trippa

Le foto mostrano dei particolari di trippa, masticazione a bassa densità e durezza; il prodotto si può trovare a strati sottili e molto friabili, come mostrato nella foto 44, oppure a pezzi molto spessi che possono avere anche del grasso adeso. Queste differenze lo rendono un prodotto variabile, poiché si può utilizzare anche in base alla forma e allo spessore che presenta. Si deve sempre tenere presente che maggiore è lo spessore del prodotto e maggiore sarà la difficoltà che un cane inesperto dovrà affrontare.

Per contro per cani molto voraci, come i Retriever, le parti più spesse che contengono grasso sono molto più gradite delle parti sottili, nonostante la superiore difficoltà nello svolgimento del comportamento di masticazione.

Foto 47 e 48 - Particolari di pelle essiccata

Le foto mostrano dei particolari di pelle essiccata, con sotto-derma adeso. Le due foto forniscono una visione dorsale e una ventrale del prodotto. Masticazione molto utile e appetibile, presenta un'alta densità e una media durezza. La parte della pelle non è friabile, mentre risulta friabile la parte del sotto-derma a essa adesa. Utile per attività di breve durata; infatti un cane esperto lo mastica e consuma in pochi minuti, mentre un cane inesperto può impiegare più minuti a consumarlo. In classe di apprendimento (gruppi più o meno grandi di cani in socializzazione/comunicazione) è utile per differenziare i tempi di masticazione dei singoli soggetti. Si potrà infatti dare trippa ai soggetti giovani e/o inesperti e la pelle essiccata ai soggetti più esperti, al fine di rendere omogenei i tempi di consumazione.

47

48

49

50

Foto 49 - Particolari di spezzati di pelle con derma o grasso adeso

È utile notare come il prodotto si possa mostrare differente secondo la lavorazione e l'azienda che lo produce. Il pezzo in alto nella foto mostra grande presenza di grasso essiccato a differenza del pezzo sotto; queste differenze possono cambiare la percezione del cane in merito a densità e durezza del prodotto, nonché possono renderlo più o meno gustoso. Come già detto, la presenza di grasso per molti cani, aumenta l'appetibilità.

Foto 50 - Particolari a confronto di due spaccati, uno di pelle e uno di muscolo

A sinistra uno spaccato di pelle essiccata, a destra uno spaccato di muscolo essiccato. I due prodotti sono simili ma hanno differente densità e durezza. Il muscolo si presenta meno duro e denso, ma non presenta friabilità, potrebbe essere percepito come gommoso dal cane; questa caratteristica, in cani molto giovani o sensibili, potrebbe rendere più impegnativa l'attività di masticazione e occupare il soggetto per maggior tempo o addirittura produrre una rinuncia allo svolgimento dell'attività.

Foto 51 - **Pezzi di trippa a confronto**
Osservare le differenze che una stessa tipologia di prodotto presenta, può senz'altro aiutare a rendere di facile intuizione che ogni differenza strutturale potrà produrre un cambiamento della risposta del soggetto coinvolto nelle attività di masticazione. Se ci troviamo davanti un soggetto consapevole, sicuro e che ha esperienza, non noteremo nessuna differenza in base al tipo di prodotto utilizzato, ma se ci troviamo davanti a soggetti molto giovani e/o molto sensibili e inesperti, sicuramente la forma, lo spessore e la presenza o meno di grasso potranno essere causa di vistose differenze nell'approccio verso una corretta attività di masticazione.

Foto 52 - **Spaccato di trippa**
Si può notare come questo spaccato di trippa sia sottile e sprovvisto di grasso o residui di muscolatura e come sia costituito da strati sottili ripiegati su se stessi. Questo particolare evidenzia quanto espresso anche per la foto 51 e rende maggiormente chiaro il concetto di friabilità del prodotto.

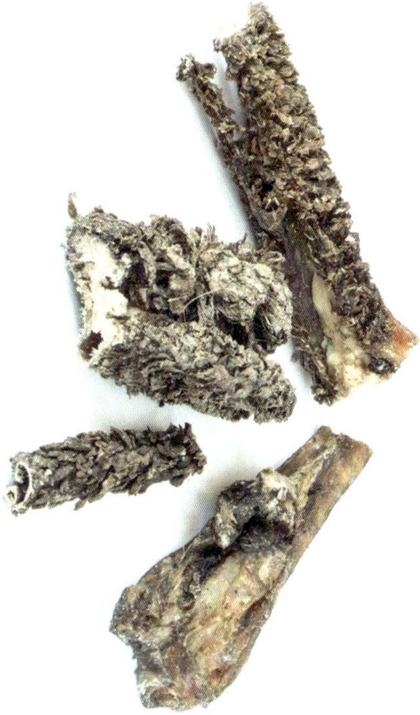

51

52

53

54

Foto 53 - Spaccato di trippa
Si può notare come questo spaccato di trippa sia meno sottile e provvisto di tessuto grasso o residui di muscolatura rispetto a quello della foto precedente e di come sia costituito da strati sottili ripiegati su se stessi. Questo particolare evidenzia quanto espresso anche per la foto 51 e rende maggiormente chiaro il concetto di friabilità del prodotto. Questo spaccato sarà infatti meno friabile e di maggiore durezza del precedente, particolare importante da non sottovalutare quando si coinvolgono nelle attività cani molto giovani e/o molto sensibili o inesperti.

Foto 54 - Parte terminale di pre-stomaco
Interessante notare la differenza dal pre-stomaco. Il prodotto nella foto si presenta più denso e ad alta durezza e non è per niente friabile. Il prodotto contiene un'elevata quantità di muscolo al suo interno e ciò lo rende un prodotto molto adatto a cani competenti o con struttura molto forte della bocca per costituzione anatomica (cani con mascella forte). È molto utile per la sua elevata densità come prodotto da somministrare per fare attività di relax dopo la passeggiata o durante le uscite per cani molto reattivi agli stimoli.

Foto 55 - **Nervi essiccati e intrecciati**

Utilissimi durante le attività di relax prima e dopo percorsi di apprendimento o momenti di stress. Si utilizza come prodotto a medio-alta densità e durezza e scarsa friabilità con cani sia adolescenti che adulti, preferibilmente abituati a fare attività di masticazione.

55

56

Foto 56 - **Nervi di bue essiccati**

Prodotto di grande densità e medio-alta durezza. Ottimo per appetibilità e digeribilità. Consigliato nelle attività di riequilibratura emozionale dopo fasi di stanchezza e stress (attività emendative).

Questo prodotto presenta un'altissima appetibilità che in contrapposizione alla sua durezza, ne permette l'utilizzo anche per cani non abituati a svolgere attività di masticazione.

57

58

Foto 57 e 58 - Nervi di bue essiccati

Sono prodotti ottimi per la loro altissima appetibilità, hanno un'alta durezza e densità che permette al cane di masticare per alcuni minuti; se il cane è di media o piccola taglia può restare impegnato per più tempo vista l'elevata durezza del prodotto. Utilissimo in attività sostitutive da lasciare al cane in fase di distacco, ma utile anche durante fasi di desensibilizzazione per cani molto reattivi che devono imparare a fare qualcosa di piacevole per sostituire comportamenti non desiderati come abbaiare se suona il campanello, indirizzarsi verso gli estranei in casa ecc.
Il prodotto è consigliato per cani che restano soli tante ore durante il giorno e che hanno bisogno di svolgere attività in autonomia e allo stesso tempo necessitano di momenti di appagamento e di successo.

Foto 59 - Budello essiccato e pressato

Prodotto ad altissima densità e durezza e poco friabile. Utilizzato per attività di relax e calma, non consigliato in attività di gruppo per cani poco esperti o giovani. Offre maggiore durata dell'attività grazie alle sue caratteristiche; questo permette di utilizzarlo nelle attività di distacco e nelle problematiche da separazione, nonché durante le attività di riposizionamento emozionale (desensibilizzazione).

59

60

Foto 60 - Pelle di bufalo arrotolata

Prodotto di facile reperimento in commercio. A mio avviso, essendo addizionato e non essendo un prodotto naturale, nonostante la sua grande durezza e bassa friabilità, potrebbe creare al vostro cane problematiche digestive. Offre il vantaggio di non avere un odore eccessivo e di non dover essere conservato in contenitori o buste ermetiche.

61

62

Foto 61 - Pelle di bufalo arrotolata e tagliata a pezzi piccoli

Può essere utilizzata quindi con cuccioli e cani di piccola taglia, in attività di ricerca con cani con un alto arousal (attivazione emozionale) e propensi all'eccitazione in vista del cibo.
In questi casi rende possibile l'attività di masticazione e riduce le fluttuazioni di arousal, attenuando l'eccitabilità.

Foto 62 - Differenti tipologie di kong integrato con la masticazione

Il kong è un oggetto in gomma utilizzato per attività sostitutive, cioè di orientamento della bocca verso target specifici, e di compensazione (*coping* o strategia attiva scelta dal cane). Il suo utilizzo può essere integrato con l'inserimento al suo interno di prodotti di masticazione. Si favorisce così un'attività mista molto utile nella costruzione del distacco, nelle fasi di separazione e nella gestione della solitudine. Tutte le attività sono da offrire gradualmente e i tempi del distacco, della separazione e della solitudine devono avere un andamento crescente progressivo.

Foto 63 - **Kong con la sovrapposizione della masticazione**

Può essere un'attività che impegnerà il vostro cane a lungo. Si consiglia di utilizzare ricotta per riempire il kong e di conservarlo in freezer, sempre che il cane non abbia delle particolari esigenze alimentari che ne limitino l'utilizzo. Impegnare il proprio cane in attività utili, piacevoli e funzionali al suo etogramma (profilo comportamentale di specie) gli permetterà di superare la noia ed eventuali stati di disagio, rendendolo un cane più felice e sereno.

63

Foto 64 - **Kong e masticazione**

Esempio di sinergia di più attività di riduzione degli indici di stress da offrire al vostro amico a 4 zampe. Seguite la fantasia e le indicazioni che vi arriveranno di giorno in giorno da lui; non pensate di sbagliare, ma mettetevi in gioco e proponete sempre cose nuove al vostro cane. Il kong con masticazione potrà poi essere inserito all'interno di oggetti più grandi utilizzati come *problem solving* al fine di impegnare maggiormente il cane e aiutarlo anche ad accrescere la sua autoefficacia.

64

65

66

Foto 65 e 66 - Esempi di utilizzo combinato di masticazione e kong

È molto vantaggioso utilizzare differenti attività in sinergia per permettere al cane di svolgere attività prolungate; consigliate per cani ansiosi e che soffrono la solitudine, il distacco e/o che hanno un disagio ambientale, nonché per cani che passano tante ore soli in casa o in giardino.

Foto 67 - Masticazione nel kong

La masticazione nel kong è un ottimo connubio di attività di orientamento della bocca e di masticazione. Introdurre la ricotta nel kong prima di inserire la masticazione. Si consiglia di tenerlo inizialmente in frigorifero e in una fase successiva nel freezer: congelato impegnerà maggiormente il vostro cane. Presentarlo però subito congelato potrebbe creare dei comportamenti di rinuncia e/o fallimento nel vostro cane, aumentando gli stati di disagio a seguito di frustrazione.

67

Foto 68 - Particolare di masticazione introdotta nel kong

In questo caso viene utilizzato come masticazione del budello essiccato ad alta densità e durezza; consigliato per cani esperti in attività di masticazione al fine di evitare che il cane possa masticare il kong e ingerire pezzi di gomma, come si evidenzia nella foto.

68

Utilizzo della masticazione

Abbiamo già visto come la masticazione trova molteplici applicazioni nel percorso di crescita e di apprendimento del cane. Essa diventa un ottimo strumento relazionale e di conoscenza oltre a fornire un valido supporto nella gestione dell'impulsività a favore della riflessività. Visto il valore che assume nella riduzione degli indici di stress, questa attività potrà essere proposta come una delle soluzioni ai differenti problemi comportamentali e/o relazionali che possono presentare i nostri cani, come ad esempio:

- risposte di frustrazione e/o incapacità di gestire la frustrazione
- non corretta gestione degli spazi
- problematiche di possessività
- presenza di comportamenti competitivi
- difficoltà a emettere comportamenti collaborativi
- problematiche di distacco
- problematiche imputabili a lunghi periodi di isolamento sociale
- problematiche imputabili a disagio ambientale

nonché come supporto ad attività riabilitative per problematiche quali SPS (Sindrome da privazione sensoriale), fobie (risposta di paura violenta e non gestita) ecc.

Di seguito immagini rappresentative di attività di calma, gestione delle risorse, dei conflitti e degli spazi con cuccioli di 90 giorni.

Apprendimenti sociali sulla gestione delle risorse

In presenza di risorse i cuccioli imparano a definire ruoli e posizionamenti sociali, acquisiscono corretti strumenti di comunicazione e in caso di segnali di stop imparano a gestire la frustrazione.

Gestione delle risorse e riduzione della distanza di reattività

In ambito etologico il lupo o il cane selvatico tendono a non confliggere lasciando a terra la risorsa e andando verso il soggetto che si avvicina. Diversamente, i cani in contesti urbani, non riuscendo a gestire le distanze e non dovendo competere con altri suoi simili per le stesse, tendono a curarsene proteggendole e cercando di allontanare chi si avvicina.

Modalità di utilizzo della bocca, espressione dello stato emozionale

L'utilizzo della bocca è espressione non solo di sicurezza sociale ma bensì della personalità del singolo soggetto. Come si può notare dalle quattro foto, potremmo osservare un cane in piedi tutto proiettato in avanti con la bocca aperta in fase di masticazione, un cane coricato con la testa ruotata a sinistra,

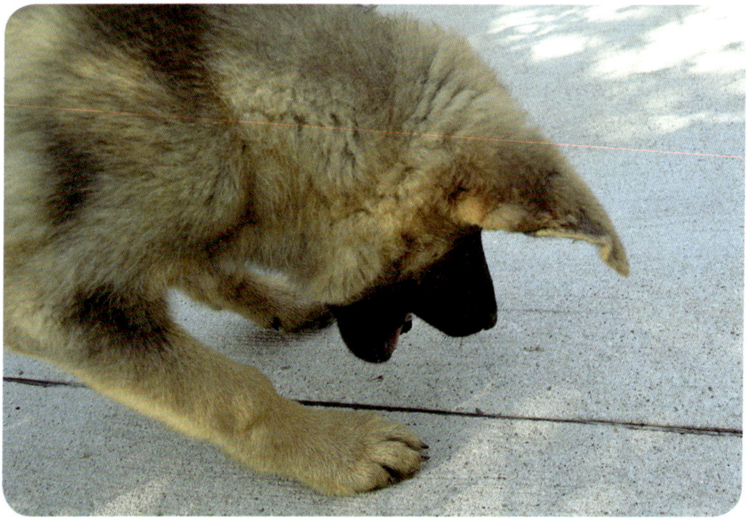

un cane coricato e rilassato che mastica sereno e due cani affiancati che sono leggermente differenti di posizione per inclinazione e orientamento della testa. Tutto ciò sta a indicare lo stato emozionale in cui si trova il soggetto a seguito della presenza di risorse e di competitor sociali.

Appagamento edonico dato dalle attività di masticazione

Una volta definiti gli spazi, i ruoli, la distribuzione e gestione delle risorse, i cuccioli riescono a rilassarsi e riequilibrarsi proprio grazie alle attività di masticazione che aumentano la produzione di endorfine.

Modalità di controllo dello spazio

Le 4 foto rappresentano modalità differenti di gestione dello spazio e della possessività:

1) testa posta lateralmente alle zampe anteriori in posizione scosciata di relax
2) testa protratta in avanti in mezzo alle zampe aperte per insicurezza

3) testa protratta in avanti in mezzo alle zampe incrociate in manifesta possessività
4) testa girata lateralmente per evitare il conflitto: modalità di pacificazione nella gestione delle risorse

Gestione della possessività

Come si può notare dalle prossime quattro foto, la masticazione può essere utilizzata come strumento per una più approfondita lettura del cane; infatti la posizione che il cane assume, la scelta di masticare con la punta della bocca o con il retro della bocca, il fatto di masticare in piedi o coricato, la scelta di poggiare la zampa sopra il cibo ecc., diventano importanti indicatori della modalità utilizzata dal cane per gestire la possessività, la protettività e la sua modalità di controllo degli spazi.

Ecco quindi che questa attività potrebbe essere un ottimo strumento di apprendimento per aiutare il cane nel percorso di rielaborazione della possessività, della protettività e della gestione degli spazi. Si ricorda che un cane che non sa gestire la propria possessività potrebbe, per ottenere dall'interlocutore le maggiori distanze di cui ha bisogno, vedersi costretto a chiederle in maniera più incisiva tramite l'uso della bocca, finalizzando il comportamento (mordendo) e rischiando di renderlo successivamente un comportamento strumentalizzato poiché efficace.

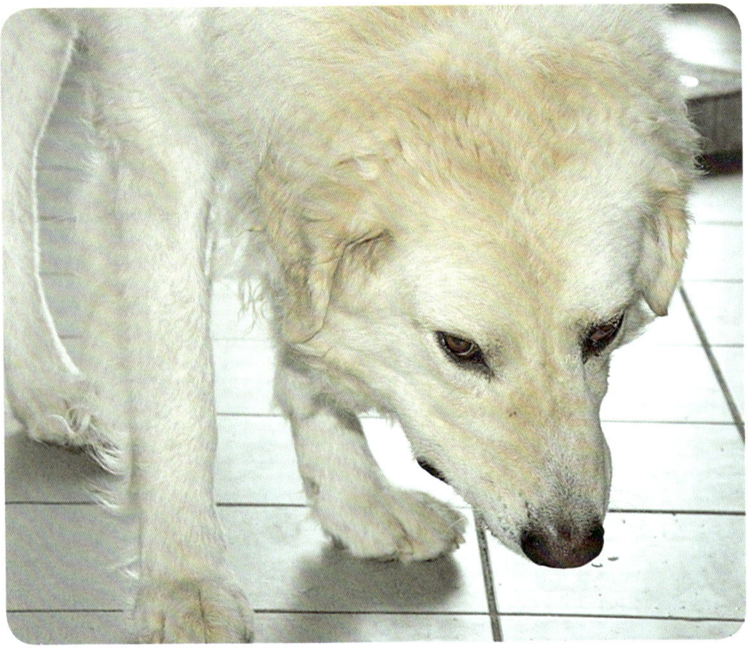

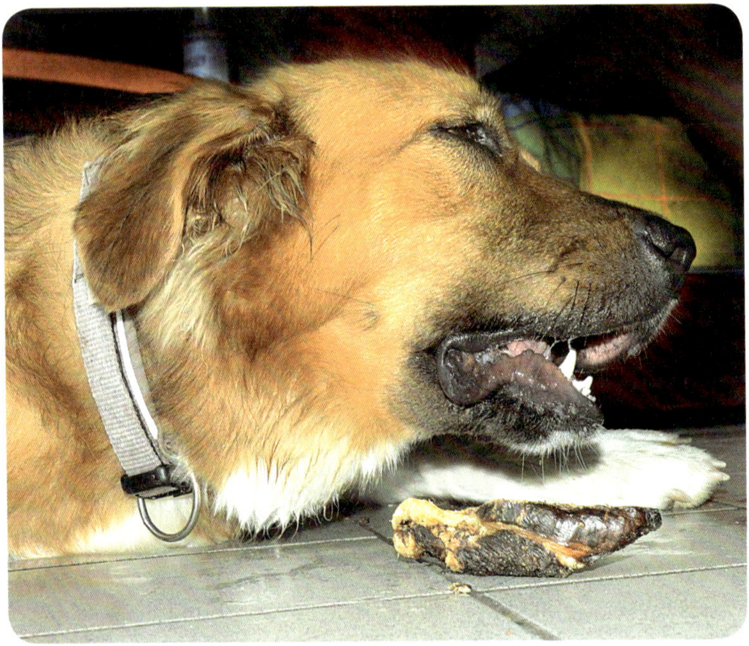

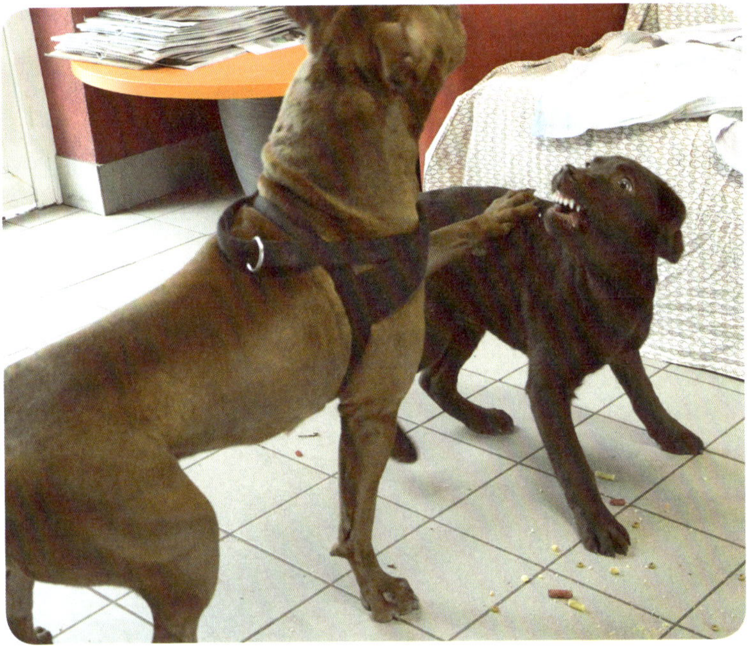

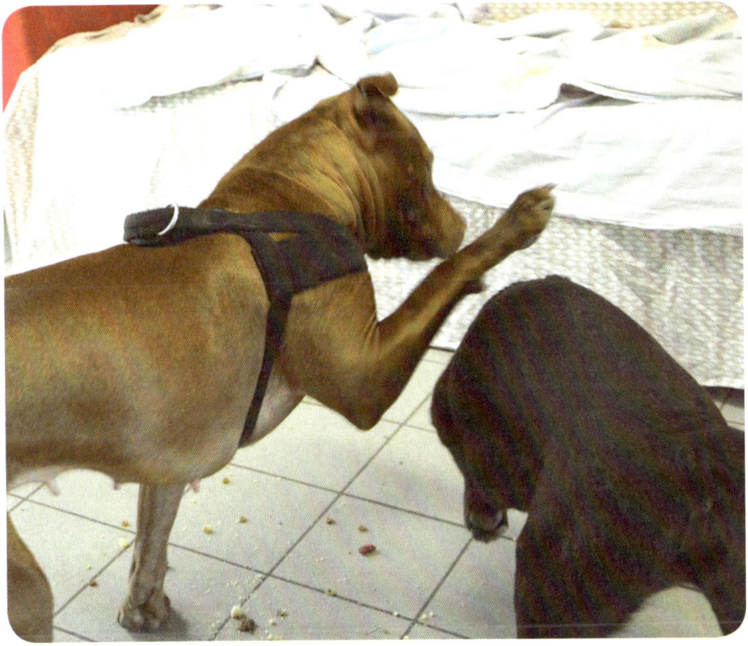

Nelle foto soprastanti si possono notare le differenti dinamiche di gestione della possessività: dalla gestione a terra degli spazi a quella a distanza, per poi arrivare alla comunicazione ridotta con emissione di chiari comportamenti di stop, tramite ringhio e utilizzo della bocca. Ma quel che più di tutto mi preme far notare è che nessuno di questi comportamenti, se emessi da cani competenti, esperti ed equilibrati, sfocerà mai in un vero conflitto, poiché il loro utilizzo è mirato a comunicare agio, esigenze e stati emozionali e motivazionali al fine di evitare il conflitto.

Gestione dell'aggressività possessiva

Con la masticazione si può lavorare sulla sfera della motivazione possessiva. Se un cane non ha una corretta gestione della possessività, sia essa dovuta a esperienze pregresse, insicurezza sociale, sfiducia nell'altro, deficit di autocontrollo o semplicemente a strategie apprese può produrre comportamenti possessivi o protettivi nei confronti di spazi o risorse. Sarà interessante ricostruire al soggetto una corretta rappresentazione tramite l'utilizzo di attività di masticazione. Il cane potrà svolgere attività in barriera (tramite l'interposizione di un cancelletto se in casa o dietro una rete se all'esterno), attività in un posto sicuro e/o attività mediate dall'essere umano.

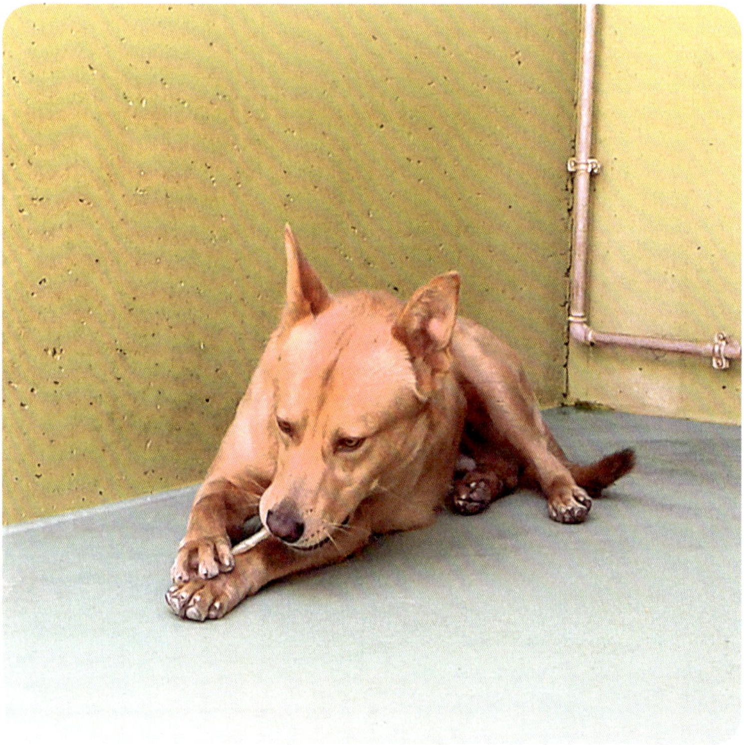

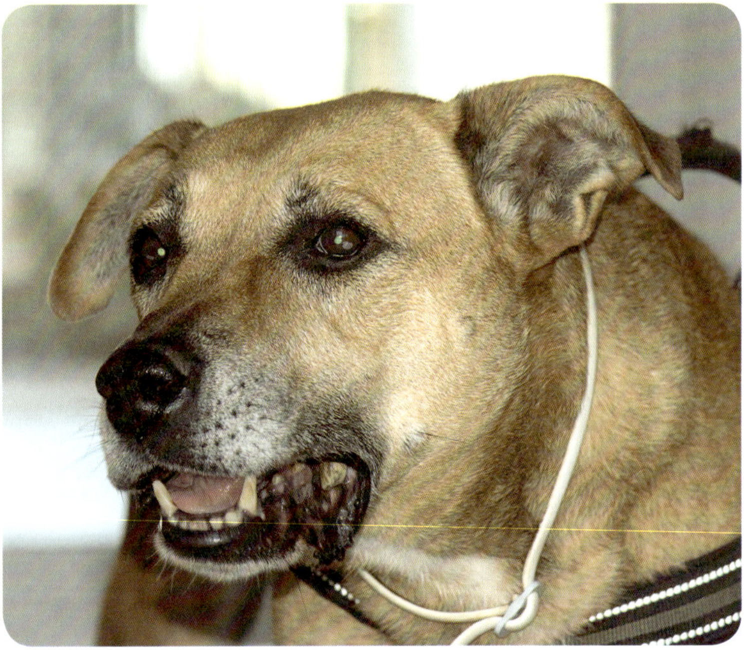

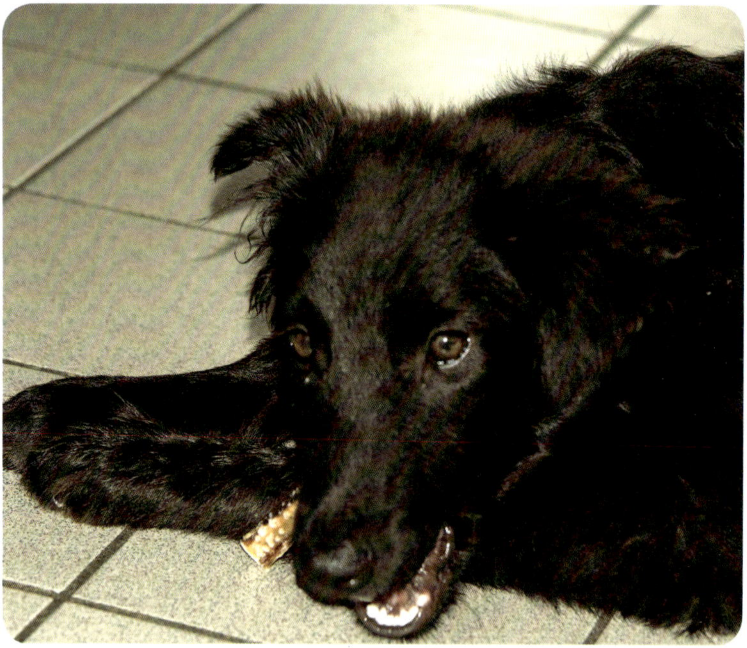

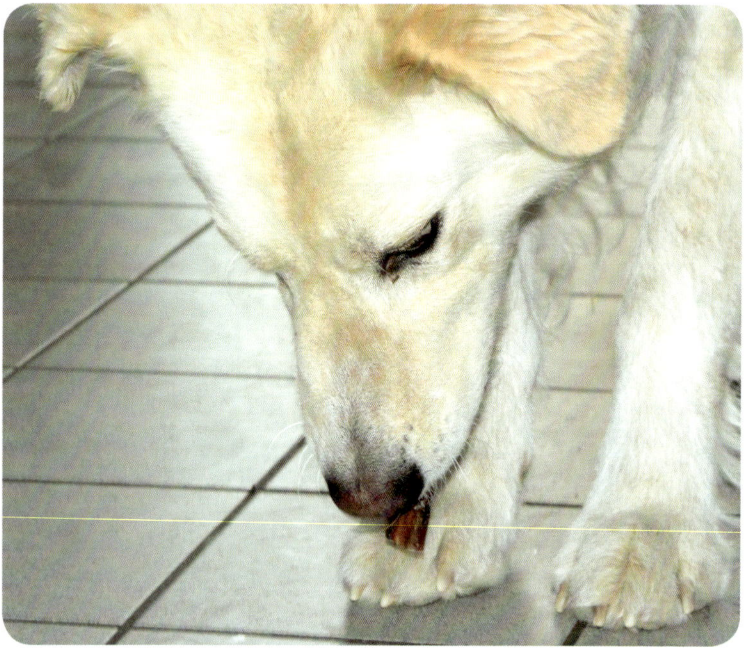

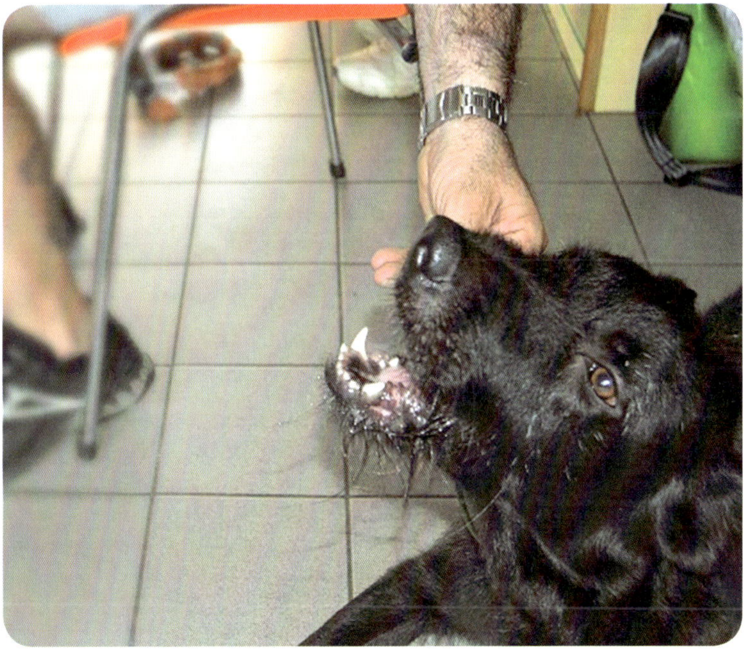

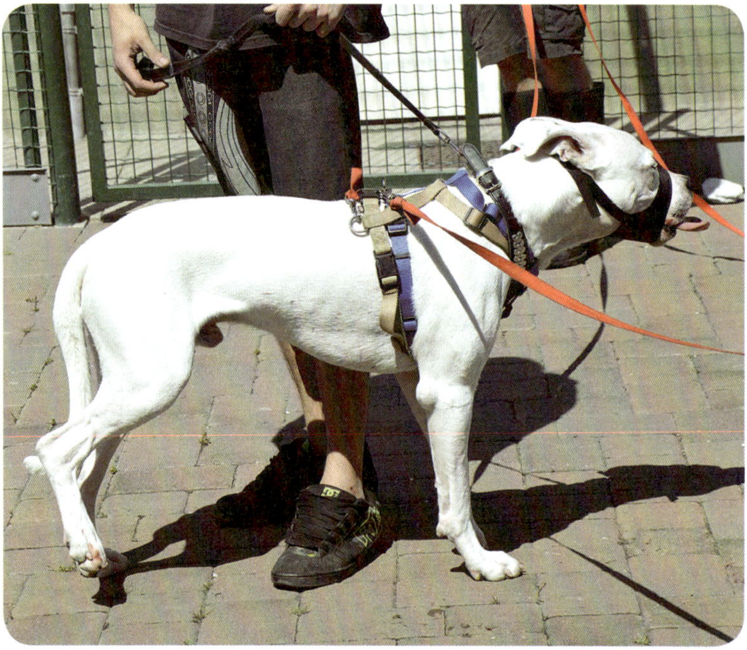

Gestione della territorialità

Molti cani che manifestano un'alta motivazione territoriale (quando un soggetto vuole operare controllo su uno specifico territorio) e/o un eccessivo controllo del territorio (semplice comportamento di controllo che non è detto sia espressione di motivazione territoriale, ma può essere sintomo di insicurezza, di ruolo attribuito al cane o semplicemente di apprendimento pregresso) possono imparare a gestirsi proprio grazie a un'attività di masticazione.

Nell'analisi della territorialità va considerata anche la gestione degli spazi chiusi che molti cani vivono sia in casa che in auto.

Gestione dell'aggressività territoriale

Se un cane capisce di ottenere successo con comportamenti di richiesta di distanza può aumentare il suo comportamento territoriale e di controllo sino ad arrivare a manifestare aggressività territoriale. Inizierà ad avere comportamenti molto offensivi con utilizzo di simulazione di aggressione, controllata, e ringhio e successivamente arrivare a finalizzare il comportamento mordendo.

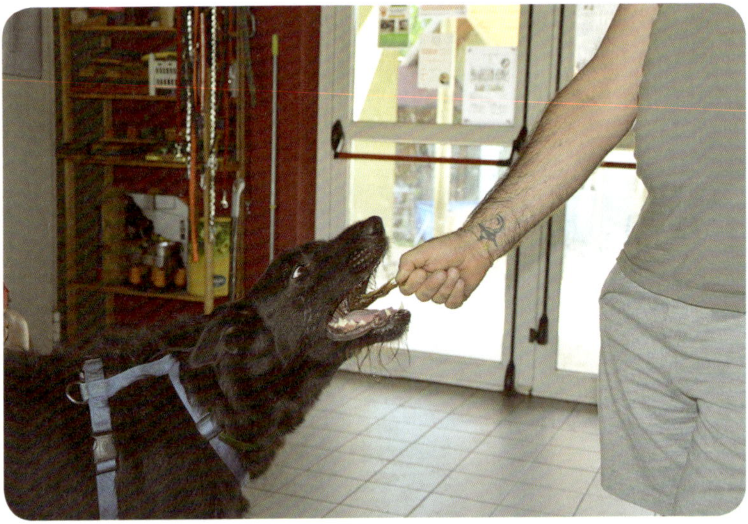

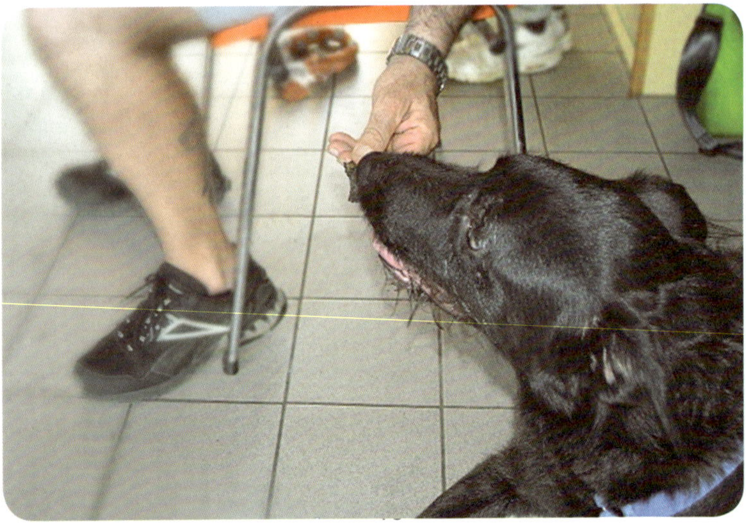

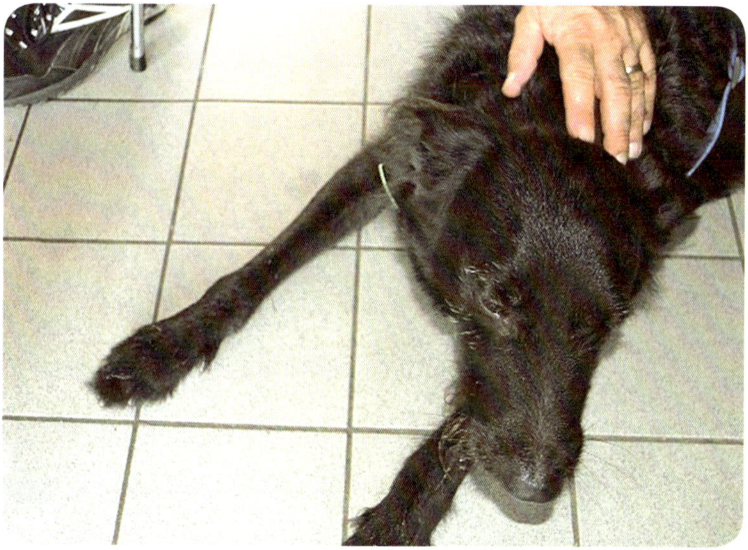

Anche in questo caso, grazie alle attività di masticazione, usate anche come strumento di scambio e mediazione, si potrebbe contenere il comportamento, aiutando il cane a ridurre l'intensità dello stesso.

Riduzione degli stati ansiosi

Molti cani, sia per base genetica che per errati percorsi di apprendimento, tendono a sviluppare stati ansiosi. Spesso l'ansia si presenta in contesti e situazioni nuovi, con evidente aumento della secrezione salivare e difficoltà respiratorie e persiste nella quotidianità andando ad aumentare quando il cane viene lasciato solo a casa.

Ecco che la masticazione, grazie alla produzione di endorfine a essa correlata, diventa un toccasana per tanti cani, non ancora patologici, che grazie a questa attività possono sviluppare capacità elaborative e ridurre o eliminare gli stati d'ansia.

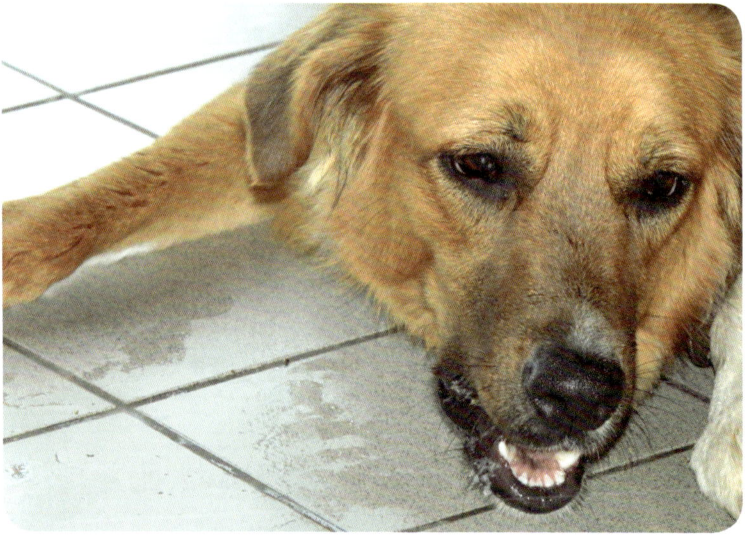

Costruzione del posto sicuro e gestione della fiducia sociale

Molto spesso nella quotidianità ci troviamo in situazioni che purtroppo portano a costruire contraddizioni comunicative e ledono la fiducia sociale fondata con il cane.

La fiducia è alla base di una corretta relazione e dell'assetto relazionale che si va a costruire. Anche in questo caso si possono utilizzare innumerevoli strategie e attività; fra queste trova grande successo l'attività di masticazione che potrà addirittura essere svolta in acqua per aumentare l'appagamento e il piacere del soggetto e facilitarne il riequilibrio emozionale e socio-relazionale.

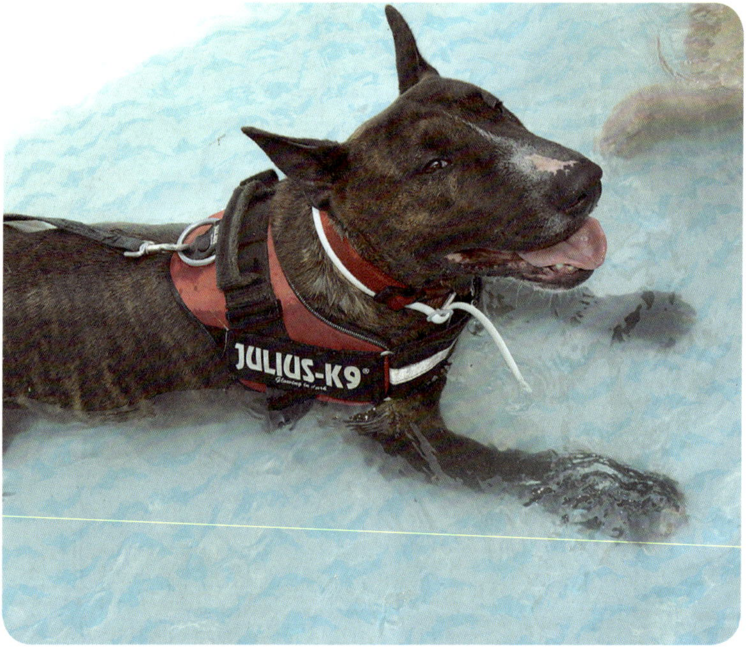

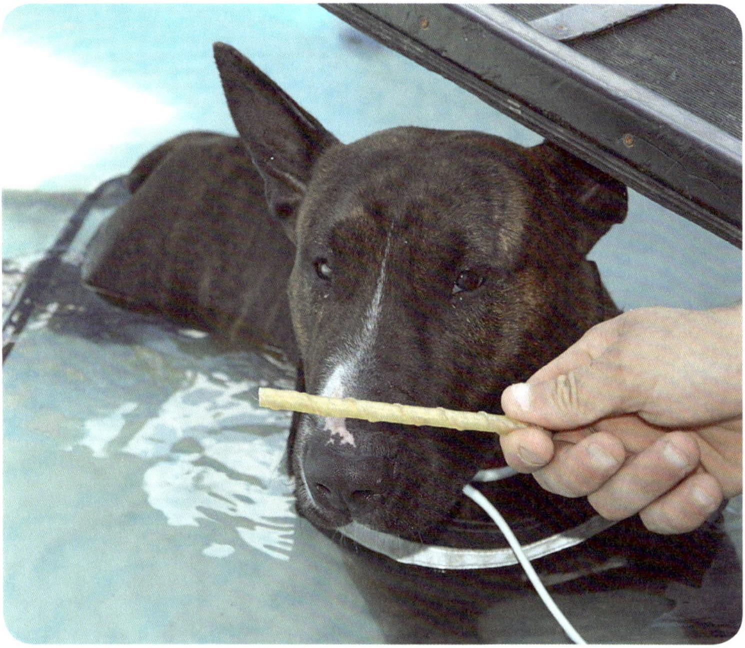

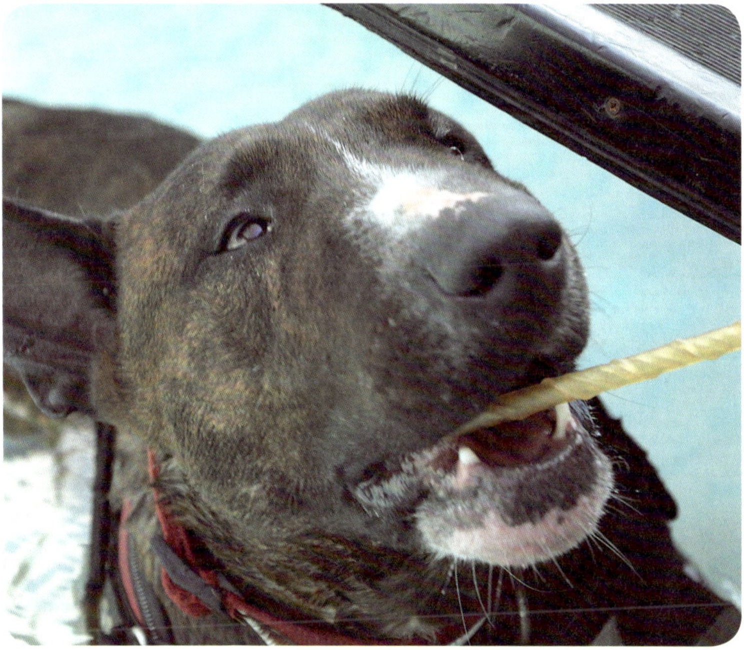

Glossario

Arousal: termine che indica il livello di attivazione del soggetto; si misura su una scala che ha come limiti dei valori basso e alto. Il termine ha un'origine anglosassone.

Canility®: attività di apprendimento specifica in cani di canile. Comprende la conoscenza di oggetti, persone, superfici e innumerevoli set; si può svolgere singolarmente o in gruppo, coinvolgendo all'interno del gruppo cani competenti (cani moderatori) al fine di permettere a tutti i soggetti coinvolti di poter effettuare un apprendimento per facilitazione sociale e/o mimesi.

Carattere neotenico: il termine *neotenia* indica la permanenza nel soggetto adulto di caratteri fisici e mentali più o meno infantili. Quindi, la permanenza di un comportamento infantile rispetto ai tratti somatici del soggetto indica la permanenza di un carattere neotenico, ossia di una tappa dell'età evolutiva del modello adulto "lupo".

Commensalismo: in biologia, il commensalismo è un'interazione non obbligatoria fra due esseri viventi in cui uno approfitta del nutrimento o degli scarti dell'altro senza procurare sofferenza o disturbo. Un organismo tra i due trae dei benefici dall'altro e l'altro non è né danneggiato né aiutato. Per il lupo sarebbe una delle cause primarie che spiegherebbe il motivo della domesticazione verso il proto-cane e successivamente il cane.

Conazione: è espressione di un'azione che mira a comandare, ordinare e imporre all'altro il proprio volere, incuranti del bisogno e del desiderio dell'altro. Ciò crea uno sbilanciamento nella relazione, spostando il piano comunicativo da dialogico-relazionale a impositivo-subordinante: il vedere l'altro come un essere inferiore da comandare.

Conspecifico: facente parte della stessa specie animale. In biologia, detto di organismi che appartengono alla stessa specie.

Coprofagia: con questo termine si definisce l'abitudine di ingerire escrementi. Ad avercela sono spesso i cani, molto meno i gatti. A farsene un problema, perché può avere delle conseguenze sgradevoli, a parte la scena in sé, sono i padroni.

Domesticazione: processo di avvicinamento all'uomo avvenuto in tremila anni, che ha permesso al cane di condividere gli habitat e le abitudini della nostra specie. Stato in cui si trovano gli animali quando le condizioni di alimentazione e riproduzione sono regolate dall'uomo. In particolare si dicono domestiche quelle specie di animali che, vivendo permanentemente con l'uomo, gli forniscono lavoro e prodotti utili e sono dall'uomo stesso protette e sottratte alle vicissitudini della lotta per l'esistenza. Nella domesticazione gli effetti della selezione naturale sono regolati e le razze nuove che compaiono non si incrociano a caso fra loro o con le forme selvatiche, ma vengono moltiplicate oppure no a seconda dei criteri dell'allevatore.
Alla riproduzione controllata di specie animali l'uomo si dedicò a partire dalla fine del Paleolitico e agli inizi del Neolitico (9000-7000 a.C.), segnando la transizione dall'economia di sussistenza di cacciatore-raccoglitore a produttore di cibo attraverso le prime pratiche agricole e l'allevamento di animali. La domesticazione ha comportato la selezione artificiale di specie animali al fine di esaltarne le qualità sfruttabili non solo a scopi alimentari ma anche, nel caso degli animali, per l'abbigliamento, le suppellettili, il trasporto.

Epimeletico: esprime una motivazione di specie che si manifesta con il desiderio e l'appagamento provato dall'animale nel prendersi cura dell'altro.

Etogramma: registro comportamentale relativo a una specie animale, nel quale è possibile inserire e di conseguenza classificare i vari comportamenti, anche in virtù di eventi di azione-reazione. L'etogramma è, in altre parole, una carta d'identità del comportamento di una specie e viene stilato attraverso l'osservazione diretta o indiretta di un singolo animale oppure dell'intera comunità.

Etologia: il termine etologia (dal greco *ethos* e *logos*, che significano rispettivamente "carattere" o "costume" e "studio") indica la moderna disciplina scientifica che studia il comportamento animale nel suo ambiente naturale.

Euristica: dal greco *heurisko*, letteralmente "io scopro" o "trovo". Se parliamo di un'euristica di un cane, parliamo della capacità di espressione letta tramite un comportamento emesso; il comportamento che l'animale elicita se messo sotto scacco sarà sicuramente quello che precedentemente ha prodotto un successo.

Fenotipo: con il termine fenotipo (dal greco *phainein*, che significa "apparire", e *týpos*, "impronta") si intende l'insieme di tutte le caratteristiche manifestate da un organismo vivente, quindi la sua morfologia, il suo sviluppo, le sue proprietà biochimiche e fisiologiche comprensive del comportamento. Questo termine viene utilizzato in associazione al termine genotipo, dove per genotipo si intende la costituzione genetica di un individuo o di un organismo vivente.

Filogenesi: la filogenesi, filogenetica o filogenia (dal greco *phulé*, "classe", "specie" e *ghénesis*, "nascita", "creazione", "origine") è il processo di ramificazione delle linee di discendenza nell'evoluzione della vita. Per il cane con il termine di apprendimento filogenetico si definisce il corredo del retaggio, ciò che potrà esprimere successivamente con l'apprendimento (ontogenetico) e ciò che rimarrà inespresso.

Figura di attaccamento: la relazione madre-cucciolo prospetta alla madre una riorganizzazione fisica e psichica che non trova eguali in altri eventi del ciclo vitale. Quella che Stern chiama "costellazione materna" comporta un nuovo codice comportamentale che porta la madre a uscire dal proprio complesso edipico per entrare, per un periodo non ben definito, lungo un percorso di fondamentale crescita psichica individuale e relazionale. Prima ancora che con il cucciolo, infatti, la madre torna a relazionarsi, in modo del tutto esclusivo, con la propria madre e a fare suoi atteggiamenti e comportamenti che proprio la maternità impone di assumere. Nel cane la madre è la prima figura di attaccamento, mentre il compagno-uomo è la seconda figura di attaccamento (attaccamento secondario).

Fitness di specie: la selezione naturale, concetto introdotto da Charles Darwin nel 1859 nel libro *L'origine delle specie*, è il meccanismo con cui avviene l'evoluzione delle specie e secondo cui, nell'ambito della diversità genetica delle popolazioni, si ha un progressivo (e cumulativo) aumento della frequenza degli individui con caratteristiche ottimali (fitness) per l'ambiente di vita.

In riferimento alla competizione tra individui, Darwin descrisse il concetto di "lotta per l'esistenza", basata sull'osservazione che gli organismi, moltiplicandosi con un ritmo troppo elevato, producono una progenie quantitativamente superiore a quella che le limitate risorse naturali possono sostenere e di conseguenza sono costretti a una dura competizione per raggiungere lo stato adulto e riprodursi.

Gli individui di una stessa specie si differenziano l'uno dall'altro per caratteristiche genetiche (genotipo) e fenotipiche (cioè morfologiche e funzionali, frutto dell'interazione del genotipo con l'ambiente). La teoria della selezione naturale prevede che all'interno di tale variabilità, derivante da mutazioni genetiche casuali, nel corso delle generazioni successive al manifestarsi della mutazione vengano favorite ("selezionate") quelle mutazioni che portano gli individui ad avere caratteristiche più vantaggiose in date condizioni ambientali, determinandone cioè un vantaggio adattativo (migliore adattamento) in termini di sopravvivenza e riproduzione. Gli individui meglio adattati a un certo habitat si procureranno più facilmente il cibo e si accoppieranno più facilmente degli altri individui della stessa specie che non presentano tali caratteristiche. In altre parole, è l'ambiente a selezionare le mutazioni secondo il criterio di vantaggiosità sopra descritto. I geni forieri di vantaggio adattativo potranno così essere trasmessi, attraverso la riproduzione, alle generazioni successive e con il susseguirsi delle generazioni si potrà avere una progressiva affermazione dei geni buoni a discapito dei geni inutili o dannosi. La specie potrà evolversi progressivamente grazie allo sviluppo di caratteristiche che la renderanno meglio adattata all'ambiente, sino a una situazione di equilibrio tra ambiente e popolazione che persisterà finché un cambiamento ambientale non innescherà un nuovo fenomeno evolutivo.

Grooming: in etologia indica il comportamento di cura delle superfici del corpo. Può essere effettuato da un animale sul proprio corpo (autogrooming) o su quello di un altro individuo della stessa specie (allogrooming). Nel primo caso, il grooming segna il passaggio tra stato di attività e di quiescenza; nel secondo caso rafforza i legami sociali e contribuisce a mantenere nei vari membri del gruppo l'odore caratteristico che permette di stabilirne l'appartenenza.

Ibridazione: in genetica è il processo attraverso il quale si incrociano specie o varietà diverse di qualsiasi famiglia animale. In biologia molecolare si riferisce all'unione di due filamenti di DNA.

Identità comportamentale: è espressione dell'identità di specie e/o individuale. Per identità comportamentale si intende la sommatoria di tutti i report comportamentali posseduti da un soggetto a seguito di sperimentazione e di quelli potenziali (identità di specie) che potrebbe imparare a esprimere a seguito di successiva sperimentazione e/o apprendimento, poiché presenti come retaggio di specie.

Inter-specifico: che riguarda i rapporti tra individui di specie diverse (si contrappone a intra-specifico).

Intra-specifico: riguardante i rapporti fra individui di una stessa specie.

Investimento parentale: in biologia evoluzionistica con il termine investimento parentale (in inglese *parental investment*) si intende qualsiasi spesa dei genitori (tempo, energia ecc.) che beneficia un membro della prole, a un costo che limita la capacità dei genitori di investire in altri componenti della fitness.

Necrofagia: per necrofagia si intende il comportamento alimentare di organismi predatori carnivori che consumano carne di cadaveri o carogne di altri organismi morti di morte naturale (per vecchiaia o malattia), uccisi a scopo non alimentare da altri predatori o ancora sottratti con la forza ai predatori originari.

Ontogenesi: dal greco *on* "ente" e *ghénesis*, "generazione"; termine introdotto da E. Haeckel (1866) per indicare lo sviluppo dell'individuo.

I processi di accrescimento e differenziamento che subisce l'organismo animale per raggiungere la forma adulta costituiscono la sua ontogenesi. Questa si contrappone alla filogenesi o sviluppo della specie. Ontogenesi e ontogenia si usano spesso come sinonimi, sebbene a quest'ultimo termine molti attribuiscano un significato più ristretto.

Orripilazione: fenomeno per il quale la pelle presenta transitoriamente numerosi piccoli rilievi conici in corrispondenza dei follicoli piliferi e insieme tendenza dei peli a raddrizzarsi (cosiddetta pelle d'oca). Si verifica in conseguenza di una contrazione spastica dei muscoli lisci erettori dei peli ed è provocata dal freddo o da emozioni.

Osmosi emozionale: è il passaggio volontario o involontario di uno stato emozionale da un interlocutore a un altro. Bisogna ricordare che non vi è alcun dubbio che i cani provino emozioni e nemmeno che tra uomo e cane ci sia una fortissima connessione, frutto del processo di addomesticamento iniziato migliaia di anni fa. Ciò spiega la facilità di questo passaggio di stati emozionali fra i soggetti delle due specie, ossia la contagiosità emotiva da un individuo all'altro.

Pet-ownership: la corretta relazione che sussiste fra animale e proprietario.

Predazione: la predazione è un tipo di interazione in cui un organismo usa come fonte di cibo un altro organismo di specie differente. Si parla di prede sia in campo animale sia in campo vegetale.

Problem solving: piccoli problemi da risolvere per il cane. I giochi di *problem solving* sono un utile training per il cervello, il fiuto e la capacità di risolvere un problema in maniera autonoma.

Range: nel linguaggio scientifico e tecnico è sinonimo di intervallo.

Referente sociale: persona o animale che costituisce o può costituire un punto di riferimento.

Retaggio: con questo termine si indicano le dotazioni che il soggetto possiede, le stesse saranno di origine filogenetica e ontogenetica parentale (riferita all'ontogenesi materna).

Schema performativo: schemi o sequenze comportamentali fissi, appresi su base di gestione del controllo del comportamento da parte dell'uomo. Schema comportamentale fisso non adattativo (per esempio: comportamento di attacco; se generalizzato, è disadattativo). Espressione di performance e non di comportamenti adattativi appresi e desiderati dal soggetto.

Sinantropica: sebbene l'immagine dell'uomo sia spesso, non a torto, associata alla scomparsa delle specie, esiste un gruppo di animali che si è adattato a vivere in ambienti altamente antropizzati e che anzi trae giovamento dalla presenza dell'uomo. Si tratta di quella che viene definita fauna sinantropica, un termine di derivazione greca che significa "assieme all'uomo". La fauna sinantropica è costituita soprattutto da quelle specie che siamo abituati a osservare nelle nostre città, la cui presenza è talmente comune da passare inosservata; merli, passeri, colombi, roditori, lucertole: l'elenco è senza dubbio lungo, ma tutte queste specie sono accomunate dalle scarse esigenze ecologiche e dall'adattabilità, caratteristiche che permettono loro di vivere e prosperare anche in ambienti molto poco naturali. Alcune di queste specie addirittura sopravvivono meglio in ambienti antropizzati di quanto lo facciano in natura e sono essenzialmente legate alla presenza dell'uomo. Ne è un esempio il comune ratto.

Somestesico: esprime la rappresentazione del corpo in merito alle caratteristiche morfologiche. Visto che in tutto il corpo sono presenti recettori sensoriali, è espressione della conoscenza sensoriale delle proprie parti del corpo. In base all'ontogenesi, qualsiasi soggetto potrà sviluppare maggiori o minori conoscenze dei propri recettori e quindi del proprio corpo.

Specie-specifico: specifico di una data specie. Si utilizza per definire un carattere morfologico o comportamentale ed è sicuramente espressione di retaggio di specie.

Stressor: tutto ciò che produce uno stress, sia esso stress buono o cattivo. Uno stressor può essere un qualsiasi fattore e/o variabile presente nel contesto di vita.

Tassonomia: nelle scienze naturali è un termine usato come sinonimo di sistematica. Attualmente viene adoperato in modo più preciso per indicare lo studio teorico della classificazione attraverso la definizione esatta dei principi, delle procedure o delle norme che la regolano. Branca della scienza che studia i metodi di ordinamento in sistema dei soggetti delle differenti specie.

Tipologia morfologica: definisce il tipo morfologico del soggetto che si vuole valutare. La tipologia viene valutata su specifici indici corporei (circonferenza della testa, rapporto cranio-muso, circonferenza toracica, lunghezza del tronco ecc.) che permettono di definire la tipologia del soggetto. Alla tipologia morfologica corrisponde anche una specifica predisposizione motivazionale del soggetto, espressione di vocazioni e attitudini. La morfologia è indubbiamente espressione di ciò che il soggetto potrà svolgere (un cane con diametri trasversali ampi e arti corti non potrà sicuramente essere un trottatore).

Dediche e ringraziamenti

Una dedica speciale va a mio figlio Alessio che da quando aveva 6 anni segue tutte le mie attività con entusiasmo e si applica nella corretta relazione con il suo cane. Spero che possa essere di esempio per tanti ragazzi, valorizzando e divulgando il valore della relazione.

Il futuro del benessere animale è sicuramente nei giovani: su di loro si dovrebbe investire sempre di più.

Grazie al grande Giuseppe Distefano, padre dei cani regolatori e moderatori, per tutto ciò che ogni giorno fa per aumentare il livello della conoscenza cinofila.

Un immenso ringraziamento a Enzo Mattei per l'impegno dedicato alla realizzazione delle foto.

Pierluigi Raffo
mi presento
SONO IL CANE
Manuale pratico per comunicare, conoscersi, capirsi, amarsi
EDIZIONI IL PUNTO D'INCONTRO

Pierluigi Raffo
GIOCHI FAI DA TE PER CANI
Idee semplici e divertenti per far giocare in modo creativo il tuo amico a quattro zampe
IL CANE IMPARA GIOCANDO
EDIZIONI IL PUNTO D'INCONTRO

A OGNUNO LA SUA CUCCIA
Il canile del nuovo millennio per adozioni consapevoli
Capovolgere il concetto di canile-lager per trasformarlo in un successo sociale
EDIZIONI IL PUNTO D'INCONTRO

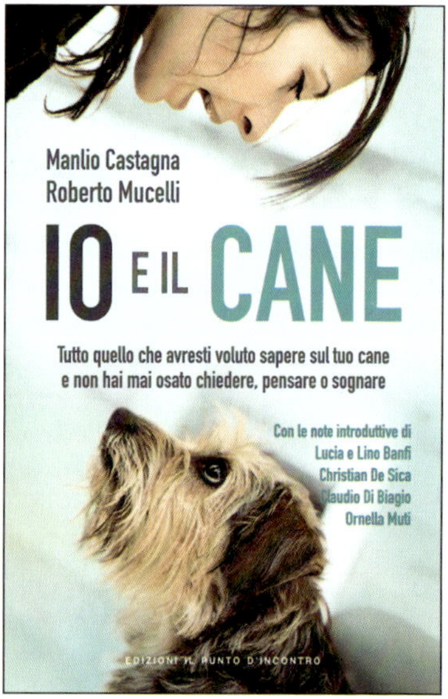
Manlio Castagna
Roberto Mucelli
IO E IL CANE
Tutto quello che avresti voluto sapere sul tuo cane e non hai mai osato chiedere, pensare o sognare
Con le note introduttive di
Lucia e Lino Banfi
Christian De Sica
Claudio Di Biagio
Ornella Muti
EDIZIONI IL PUNTO D'INCONTRO

Arden Moore
50 SEMPLICI COCCOLE PER FAR FELICE IL TUO GATTO
EDIZIONI IL PUNTO D'INCONTRO

Arden Moore
50 SEMPLICI COCCOLE PER FAR FELICE IL TUO CANE
EDIZIONI IL PUNTO D'INCONTRO

Cristiano Tenca
PAROLE MAGICHE PER GLI ANIMALI
Formule e incanti per il loro benessere
EDIZIONI IL PUNTO D'INCONTRO

Jennifer L. Verdolin
AFFINITÀ BESTIALI
Le relazioni umane spiegate attraverso il corteggiamento animale
EDIZIONI IL PUNTO D'INCONTRO

Potete richiedere il catalogo gratuito delle nostre pubblicazioni
Edizioni Il Punto d'Incontro
Via Zamenhof 685, 36100 Vicenza, Tel. 0444239189, Fax 0444239266
www.edizionilpuntodincontro.it